AF396162

ESSAI

SUR L'EXPRESSION

DES DIVERSES PASSIONS

DU CHEVAL.

ESSAI

Sur l'expreſſion des diverſes paſſions du Cheval, conſidérées dans les trois principaux inſtans de leurs progrès.

QUATRIÈME LETTRE

À *M. BACHELIER, Peintre du Roi, Profeſſeur de ſon Académie royale de Peinture & de Sculpture, Directeur des Écoles royales gratuites de Deſſin, &c.*

LE très-volumineux ouvrage, Monſieur, que j'ai l'honneur de vous prier d'agréer, ſous le titre d'*Eſſai ſur l'expreſſion des diverſes paſſions du Cheval*, n'eſt point copié d'après

A

les effervefcenfes tumultueufes qui affectent
le cœur humain , & dont l'homme n'eft que
trop malheureufement la victime. Ce n'eft
point non plus la defcription métapyhfique
des moyens que la Nature a mis en œuvre
pour douer les animaux de fenfation & de
mémoire. Ofer feindre qu'ils n'en font
point pourvus, c'eft démentir l'expérience ;
mais de dire comment cela s'opère, c'eft
ce qu'on ignore. Connoît-on les premiers
élémens des ouvrages de la nature ! mes
recherches fe bornent aux effets mécani-
ques. C'eft à l'aide de la diffection que
nous diftinguerons la forme & la figure des
différentes parties du corps de la brute
affectée de quelque fenfation ; & c'eft par des
obfervations naturelles & anatomiques, que
nous remonterons à la fource des voies par
lefquelles l'intérieur de l'animal fe montre
& fe peint au dehors.

L'art des expériences , porté à un certain
degré de perfection , ne fût jamais plus utile
ni plus conftamment refufé qu'il l'eft ici;
point de moyens à mettre en ufage pour
obliger le cheval de s'affecter d'une paffion ,
de s'en pénétrer & d'exprimer la fenfation

(3)

qu'on defire , pendant un efpace de temps affez confidérable pour permettre au jeune artifte de développer & peindre aux yeux du fpectateur les principaux refforts. Auffi le titre d'effai que nous donnons à cet ouvrage, indique clairement que nous fommes éloignés de toucher le but ; la difficulté de fuivre le cheval dans les différentes paffions qui l'animent , de les confronter d'individu à individu , & les unes avec les autres ; comme de le trouver dans l'état libre de fa naiffance , & tel qu'il feroit fi la domefticité ou plutôt les mauvais traitemens que lui font reffentir généralement fes gardiens , ne lui ôtoient la faculté de laiffer paroître au dehors les caractères univoques de tels ou tels modes des fenfations qu'il éprouve , dont les différentes modifications femblent nous préfenter & nous préfentent en effet mille fymptômes *(a)* appartenans à la même

---

(a) Symptôme ; figne , marque. Quoique ce terme foit plus particulièrement attaché à l'art de guérir , nous l'employons ici comme fignifiant une partie du caractère d'un objet : le mot caractère voulant dire le réfultat de plufieurs fignes, « ou marques particulières, qui diftin-guent tellement une chofe d'une autre, qu'on la peut « reconnoître aifément ».

A ij

passion, & dont un seul devroit nous désigner le véritable genre : obstacles contre lesquels l'œil de l'observateur le plus habitué & le moins prévenu, sera long-temps arrêté avant que de déterminer la forme & la figure des différentes parties du corps du cheval, dans l'une ou l'autre des passions que les circonstances & sa nature lui suggèrent, & auxquelles il est assujetti. C'est pourquoi nous ne nous occupons que du caractère des passions dont les apparences, assez distinctes en elles-mêmes, ont pu se faire facilement apercevoir à nos yeux, & qu'en nous rendant aux sollicitations réitérées des artistes qui ont suivi nos démonstrations sur la connoissance du cheval envisagé relativement aux arts d'imitation qu'ils étudient ; & comme il est aisé de s'en convaincre, nous laissons un champ très-vaste à parcourir, dont nos observations auront simplement tracé la route, espérant néanmoins pouvoir la suivre, en redoublant d'efforts, si nos études sont assez fructueuses pour y prétendre.

Les objets susceptibles d'émouvoir par leur présence, les corps animés, se peignent à la partie sensitive des animaux par l'organe immédiat de leurs sens ; ces sens disposés chacun pour recevoir les impressions ultérieures, & pour transmettre à l'instinct de l'animal, l'image & l'idée qu'il doit avoir de l'objet ou du bruit qui l'émeut, le déterminent aussi-tôt à juger sainement de l'état actuel de ses facultés, de même que sur l'action qu'il doit former pour satisfaire ses goûts, jouir du bien, éviter le mal & se mettre à l'abri des accidens qui peuvent lui arriver. Ces idées reçues, ces connoissances une fois acquises, l'animal affecté d'une semblable sensation, en conçoit promptement les particularités par le souvenir du choc instantané de la première impression, heureuse ou malheureuse, peu importe ; mais ce souvenir n'est néanmoins qu'une modification relative & conditionnelle à certaines dispositions présentes des organes, qui, jointe aux connoissances primitives, font ensemble, si nous osons nous exprimer ainsi, la pierre-de-touche avec laquelle l'animal apprécie, relativement à lui-même, l'impression & l'effet futur de l'objet qui se présente actuellement à ses yeux. L'instruction des jeunes artistes, que

A iij

nous avons en vue , ne nous permet pas
de différencier le sens des objets ni l'organe
du sens ; mais il leur importe essentiellement
de savoir que le premier agit sur le second
lorsqu'il est intact , & qu'il n'est alors aucun
intervalle entre l'action de l'un & la sensation produite sur l'autre. Quoi qu'il en soit
de cette action , & quelle que soit encore la
manière dont elle s'exerce , l'ouïe , la vue ,
l'odorat , &c. &c. ne peuvent être ébran-
lés sans que l'animal ne ressente quelques
changemens visibles au dehors , tant dans
l'habitude générale de son corps , que dans
la figure des parties extérieures de sa tête.
Les obligations de l'artiste dans la représentation des animaux , sont d'avoir une
connoissance profonde des différences dans
la manière d'être de chacune des parties de
leur corps chargées de caractériser à nos
yeux la sensation qu'ils éprouvent: Or, les
moyens de l'artiste qui tend à peindre
l'amour, par exemple , dans le cheval , dont
il est en état d'exprimer les autres détails , se
bornent à imiter ces différences souvent très-
légères & presque toujours imperceptibles ,
qu'il a dû observer sur la nature & retenir

dans fa mémoire ; car le modèle, à coup fûr, lui manquera dans le befoin.

Les figures linéales que nous plaçons ici, ainfi que la gravure en grand des mufcles de la face du cheval, ne font que de fimples indications auxquelles nous fommes bien éloignés d'attribuer aucun mérite dans le genre du deffin. Nous ne voulons point difpenfer l'artifte d'avoir fous les yeux plufieurs modèles vivans de l'animal. Perfonne ne fait mieux que nous qu'on n'atteint au vrai pittorefque qu'en copiant la nature immédiatement & fcrupuleufement; mais nous favons auffi que tous les yeux ne la voient pas, qu'elle n'eft vifible qu'à ceux qui percent les voiles dont elle s'enveloppe, & que, pour le bien faire, il faut la favoir interroger.

Nous allons tâcher, en rendant compte de nos obfervations, de faciliter aux Élèves les connoiffances dont ils doivent fe munir.

Des Muscles de la tête du Cheval, visibles au-dehors, considérés : 1.º dans leurs attaches, leurs trajets & leurs terminaisons; 2.º dans le repos, dans l'action & dans le relâchement.

Muscles de l'Oreille.

Il y a six muscles préposés aux mouvemens de l'oreille externe.

A. pl. I.ʳᵉ Le premier ; *(b)* il est le plus considérable, il est situé sur toute la partie supérieure du crâne ; il s'unit avec son semblable, situé de l'autre côté; il s'attache fixement en A^2 à la crête de l'oc-

---

(b) Les lettres majuscules isolées, qui commencent chaque *alinea*, & qui indiquent la place & la figure des muscles sur la *planche première*; sont les mêmes que celles qui sont placées sur les semblables parties des figures d'anatomie de l'ouvrage intitulé : *Mémoire artificielle des principes relatifs à la fidèle représentation des animaux, tant en peinture qu'en sculpture, par M.ʳˢ* Griffon & Vincent, *édition de Paris, chez la veuve* Vallat-la-Chapelle, *grande salle du Palais, année 1779;* ainsi que dans l'extrait de cet ouvrage, *Troisième letttre à* M. Bachelier, *année 1786, de l'Imprimerie Royale.* L'uniformité de ces trois ouvrages est un moyen de s'instruire facilement de cette connoissance, en les consultant.

cipital, en A^3 à celle du pariétal, & au frontal en A^4.

Ce mufcle préfente fix portions par lefquelles il fe termine; elles ont chacune une direction particulière, & elles faififfent la bafe de l'oreille en fix points différens. Les portions les plus volumineufes font inférieures.

Les mufcles premiers de l'oreille font, par leur fituation, les fonctions des mufcles frontaux dont l'animal eft dépourvu; chacun d'eux agiffant entièrement, tire en dedans l'oreille; il peut la porter en avant & en arrière, fuivant le degré d'action de fes portions antérieures ou poftérieures.

Dans le repos, ce mufcle fuit la forme des pariétaux & des frontaux, & forme une légère cavité derrière l'oreille & autour de fa bafe.

Dans l'action, cette cavité s'efface; il s'enfle dans cette même partie & dans fon milieu; la partie fupérieure devient méplate, & la crête des pariétaux & des frontaux devient fenfible.

Dans le relâchement, la crête des pariétaux & des frontaux eſt effacée ; de rond, ce muſcle devient légèrement méplat dans le ſens de ſa largeur.

Le ſecond eſt placé directement ſous le précédent, ſur la crête de l'occipital, & ſe termine en un point de la baſe de l'oreille, diamétralement oppoſé à l'orifice extérieur de cet organe.

Il ſert à porter l'oreille contre l'autre. En agiſſant avec le premier, il adhère fortement à celui-ci dans une bonne partie de ſon chemin, à compter de l'attache fixe qui leur eſt commune. Dans le repos, ce muſcle n'eſt point ſenſible.

Dans l'action, il s'enfle près de la nuque, & finit par un méplat à la baſe de l'oreille : on le voit aiſément ſous le précédent.

Il eſt inutile de dire que lorſque pluſieurs muſcles agiſſent enſemble, & qu'ils ſont placés les uns ſous les autres, la forme des inférieurs ajoute à la figure de celui ou de ceux qui les recouvrent, ſurtout lorſque ces derniers ſont peu charnus &c. Dans le relâchement, il eſt comme une petite bande très-étroite près de fa terminaifon.

Le troifième fe joint comme le précédent à la partie poftérieure du premier ; il fe termine à la bafe de l'oreille par deux portions un peu du côté de la face latérale externe de la conque ; il tire l'oreille en arrière.

Dans le repos, ce mufcle n'eft point fenfible.

Dans l'action, il s'enfle comme le précédent, & finit par un méplat plus large à fon attache, fur la bafe de l'oreille.

Dans le relâchement, il s'efface en entier.

Les mouvemens du quatrième font fi obfcurs, qu'ils ne paroiffent point au dehors.

E. Le cinquième ; il paffe le long de la glande parotide, & s'y attache par un fimple tiffu cellulaire ; il tire l'oreille en devant & en bas.

Dans le repos, il fuit la forme que lui imprime la bafe de l'oreille.

Dans l'action, il devient plus étroit & plus fenfible fur la bafe de l'oreille ; il fe raccourcit un peu en fe gonflant dans fon milieu , & devenant en cet endroit plus large que dans le reste de sa longueur.—

Dans le relâchement , ce muscle ne diffère en rien de ce qu'il est dans le repos.

Le sixième n'est pas visible.

Muscles des Paupières.

G. L'orbiculaire, l'un des deux muscles qui meuvent les paupières , est commun à l'une & à l'autre ; il s'étend circulairement autour de l'orbite ; il s'attache à tout le bord de cette cavité & adhère fortement à la peau ; ses fibres se réunissent au grand angle de l'œil , & se terminent par un tendon très-court à l'apophyse angulaire, situé au-dessous.

Il ferme l'ouverture des paupières , & les rapproche l'une de l'autre ; l'inférieure ne faisant néanmoins aucun mouvement sensible.

Dans le repos, ce muscle n'est point sensible.

Dans l'action, il se contracte fortement au grand angle de l'œil qu'il resserre ; il s'enfle dans cette partie, ferme l'œil , & efface les plis que forme la peau au petit angle.

Dans le relâchement, le grand angle devient un peu plus ouvert, mais moins alongé.

Le releveur s'attache au fond de l'orbite, passe sur le releveur de l'œil, & se termine par une expansion en manière de patte-d'oie, à la partie supérieure du *tarse,* autrement dit du cartilage qui maintient la paupière dans sa forme, & dans lequel les cils sont implantés. Il éloigne de la paupière inférieure la paupière supérieure, & c'est de son action que dépend principalement le mouvement de cette dernière.

Dans le repos, ce muscle n'est point sensible.

Dans l'action, il ne laisse voir que l'effet dont il est la cause.

Dans le relâchement, la paupière est fermée sans qu'il soit aperçu.

Muscles de l'Œil.

Des sept muscles qui meuvent l'œil, il n'en est aucun qui paroisse au dehors ; leurs mouvemens ne font aperçus que par les effets qu'ils produisent, & leur principale deſtination eſt de diriger les prunelles au même point.

Muſcles des Lèvres.

I. L'orbiculaire, l'un des dix-ſept qui exécutent les différens mouvemens des lèvres, eſt le plus conſidérable des muſcles communs à ces deux parties, enfin le ſeul impair de ce nombre : il adhère fortement à la peau dans ſon étendue ; il s'attache au cartilage du nez, par un ligament ſous le muſcle tranſverſe des naſeaux *(R)*, & de la même manière, à la ſymphyſe du menton.

Ce muſcle, lors de ſa contraction, rapproche les lèvres l'une de l'autre, & ferme entièrement la bouche.

Dans le repos, ce muſcle eſt un peu pendant & flaſque.

Dans l'action, il ferme la bouche en formant un léger rebord le long de la partie ſupérieure de la commiſſure, & s'imprime un peu ſur les dents molaires antérieures.

Dans le relâchement, ce rebord s'efface, & la lèvre eſt ouverte ; il forme pluſieurs

plis le long de fon bord & à la terminaifon du releveur antérieur *M*.

J. Le molaire externe prend naiffance
de la partie antérieure de l'apophyfe coronoïde fous le mufcle maffeter *(T)* ; il
defcend en couvrant le molaire interne auquel il adhère, & fe termine à la commiffure des lèvres *(6)*, & par des fibres
charnues tranfverfales, aux parties latérales
de l'une & l'autre mâchoire, à l'endroit
qui répond aux *barres* ; il contribue aux
mouvemens des lèvres, en les relevant.

Dans le repos, ce mufcle n'a rien de
particulier.

Dans l'action, il fe contracte & s'enfle
dans le milieu de fa longueur, particulièrement à fa terminaifon aux lèvres ; il s'élargit
lors de l'ouverture de la bouche, & s'imprime fur les dents maxillaires, s'enfonçant
un peu dans l'intervalle qui fe trouve alors
entre les mâchoires.

Dans le relâchement, il s'efface à fa
terminaifon, & laiffe dominer la partie
fupérieure qui eft légèrement convexe.

Le molaire interne ne paroît point
dans notre figure, étant fous le précédent,

nous venons d'en commencer la position ; quant à ses attaches, elles sont l'une à l'os maxillaire, l'autre à la mâchoire postérieure, près des dents molaires : ses usages sont les mêmes que ceux du précédent.

Il ajoute dans son action tout l'effet de sa contraction ; mais cet effet n'a rien de distinct.

Dans le relâchement, ce muscle n'est point sensible.

Le cutané ; comme ce muscle se montre dès qu'on enlève le cuir, & qu'étant fort mince, il laisse paroître le jeu de ceux qu'il couvre, plus que le sien propre ne se fait apercevoir , nous l'avons supprimé : il couvre la partie latérale de la tête, depuis le bord supérieur & postérieur de la mâchoire postérieure, jusqu'à la commissure des lèvres où il se termine, en se confondant avec le molaire externe, &c.

M. Le releveur de la lèvre antérieure ; il s'attache en *M*¹ sur la jonction de l'os angulaire, maxillaire & zygomatique ; il descend obliquement le long de l'os du nez & des naseaux ; il se change en un tendon après quelques pouces de chemin. L'extrémité

L'extrémité de ce tendon ſe joint à celle du tendon de ſon ſemblable, en (3); il en réſulte une légère aponévroſe croiſée par ſes fibres, par laquelle ces deux muſcles ſe terminent enſemble au milieu de la lèvre antérieure.

Ses uſages ſont indiqués par ſon nom.

Dans le repos, il laiſſe la lèvre pendante, & ſa terminaiſon eſt ronde au lieu d'être méplate.

Dans l'action, la terminaiſon des tendons réunis, ſe fait aiſément ſentir par une bande méplate, large & s'étendant ſubitement de droite & de gauche, pour former un autre méplat, ſéparé du premier par une ligne tranſverſale. Il fronce la partie antérieure de l'orbiculaire des lèvres. Le tendon ſéparé eſt gros & rond, & détaché de l'os du nez juſqu'à la partie moyenne de l'os.

Dans le relâchement, la réunion des tendons eſt un peu deſcendue ; leur forme particulière eſt plus large & moins ſaillante ſur les os ; les rides de la lèvre ſont effacées.

N. Le maxillaire ; il s'attache en *N*² aux os maxillaire & angulaire ; ſa partie moyenne

B

se divise en deux portions, dont l'une se termine postérieurement au bord de la commissure des lèvres ; l'autre à la partie moyenne de la lèvre antérieure, après avoir passé sous le muscle pyramidal *S*. Il relève les parties latérales de la lèvre antérieure, & peut être regardé comme congénère du précédent.

Dans le repos, ce muscle n'a rien de particulier.

Dans l'action, il appuie légèrement sur le releveur *M*, qu'il recouvre en partie & en le croisant obliquement de haut en bas ; contracté à l'endroit de sa bifurcation, il comprime le pyramidal *S*.

Dans le relâchement, sa partie postérieure est toujours un peu plus sensible que l'antérieure, en suivant néanmoins la forme que les os & les muscles sur lesquels il passe, lui impriment.

Le mitoyen antérieur n'est point aperçu au dehors.

P. Le releveur de la lèvre postérieure ; il a son attache sous le muscle masseter sur la partie latérale externe de la mâchoire postérieure ; son tendon passe le long de

cette mâchoire & du muscle molaire externe, fans contracter d'union avec celui
du côté oppofé, différent en cela du releveur de la lèvre antérieure.

Dans le repos, il laiffe pendre latéralement la lèvre poftérieure, fans pourtant
qu'elle grimace. Le corps du muscle eft
légèrement fenti à fa partie fupérieure.

Dans l'action, il s'enfle dans fon milieu
& de bas en haut, tirant à lui le tendon
qui devient très-fenfible à fon infertion,
il occafionne quelques plis au menton en
relevant davantage la partie inférieure que
la fupérieure.

Dans le relâchement, il ne diffère en
rien de ce qu'il eft dans le repos.

Le mitoyen poftérieur n'eft point vifible,
ce muscle étant recouvert par les précédens.

Mufcles des Nafeaux.

R. Le tranfverfal, feul impair entre les
fept mufcles qui meuvent cette partie ;
il s'attache en *R'* à l'extrémité des os du
nez, il s'étend tranfverfalement de chaque
côté fur la plaque cartilagineufe qui achève
de former les nafeaux.

Dans le repos , il n'a rien de particulier. Dans l'action, ce mufcle s'enfle par fa contraction au bord du cartilage qui forme les nafeaux ; fon milieu devenant de plus en plus cave , à mefure qu'il dilate davantage les nafeaux.

Dans le relâchement , fon milieu eft convexe , & fon état revient à celui du repos.

S. Le pyramidal ; il s'attache en S' par une portion affez grêle à la partie moyenne & externe de l'os maxillaire, fous la terminaifon de fon épine ; il s'étend en s'élargiffant & croife une portion du maxillaire, il fe termine à toute la circonférence externe des nafeaux.

Dans le repos , ce mufcle fuit les inflexions des os & des mufcles qu'il croife & qu'il avoifine.

Dans l'action , ce mufcle s'enfle en s'élargiffant fous la portion maxillaire qui le croife ; contracté dans toute fa longueur il adoucit l'exubérance de l'épine maxillaire.

Dans le relâchement ; il eft effacé, & fa terminaifon fur la circonférence externe du naseau , est légèrement contractée à l'effet de donner un passage libre à l'air inspiré ou expiré.

Le court & le cutané ne sont point sensibles.

Ces sept muscles relèvent la peau des naseaux , & en dilatent les orifices selon les degrés de leur contraction.

Muscles de la Mâchoire postérieure.

T. Le masseter , premier des cinq muscles pairs , au moyen desquels la mâchoire postérieure s'approche de l'antérieure , s'en éloigne , se porte de côté & d'autre , de haut en bas , & de bas en haut. C'est un muscle fort & aplati , qui occupe la face externe de la portion la plus large de l'os dont il s'agit ; & cache une partie du crotaphite ; il s'attache à toute l'épine de l'os maxillaire , comme en T^1 , & à celle du zygomatique , & se termine en T^2 à la face externe & au bord de la tubérosité de ce même os ; ses usages sont de rapprocher la mâchoire postérieure de l'antérieure.

Dans le repos , ce muscle est légèrement cave & méplat près & le long du bord de la mâchoire postérieure , & de l'épine maxillaire.

Dans l'action , il devient convexe dans son milieu en conservant ses méplats , mais ils sont bien moins sensibles ; les vaisseaux sanguins sont plus saillans , son bord inférieur est rond.

Dans le relâchement , il s'aplatit & s'alonge ; les vaisseaux sanguins ne sont presque point aperçus : si dans cet instant les molaires sont contractés , ils lui communiquent la plus grande partie de leur forme.

Le crotaphite directement placé sous le muscle premier des oreilles , occupe toute la cavité qui se voit au-dessus de l'œil, nommée *salière* ; il s'attache à toute la circonférence de cette cavité , & se termine par un fort tendon à l'apohyse coronoïde qu'il embrasse.

L'usage de ce muscle consiste principalement à rapprocher cette mâchoire de l'antérieure. Dans le repos , ce muscle n'a rien de particulier.

Dans l'action , il s'enfle & remplit les salières.

Dans le relâchement, il laiffe à cette cavité fa profondeur naturelle, qui, par parenthèfe, ne doit jamais être trop fenfible.

Le fpémo-maxillaire, le ftilo-maxillaire, & le digaftrique, étant tous les trois enfoncés dans l'auge, ne produifent par leur jeu d'autres variétés que la pofition de cette mâchoire qu'ils font mouvoir & agir en fens contraire des premiers.

Expreffion de l'Amour.

Cette paffion liée néceffairement au phyfique primordial de tous les êtres animés, eft fubordonnée dans nos mains, par rapport au cheval & à quelques autres animaux domeftiques, aux entraves que notre prévoyance mercantille nous oblige de lui mettre. Dans cet état, l'animal fubjugué eft obligé de fe laiffer conduire, diriger, même aider dans les fonctions les plus effentielles à la reproduction de fon femblable, & pourt laquelle la Nature a difpofé d'avance en lui toutes les chofes néceffaires, pour qu'il puiffe y coopérer facilement.

Cette forte d'efclavage eft décorée du nom générique de *monte en main*. La monte

B iv

en liberté étant plus conforme aux vœux de la Nature, le cheval est entièrement livré à lui-même; aussi use-t-il de toute sa liberté par l'ardeur de sa passion, par l'évidence de ses caprices, par ses goûts, enfin par son retour auprès d'une cavale chérie & choisie au milieu de vingt femelles qui lui sont destinées. Néanmoins la différence dans les moyens n'en apporte aucunement dans l'action de procréer, non plus que dans la plus grande partie des caractères de cette passion qui s'expriment également dans l'étalon conduit au saut avec deux longes, que dans celui qui s'abandonne aux mouvemens lascifs de son tempérament. Si pourtant l'on aperçoit l'expression de ce sentiment peinte d'une manière plus indécise & plus équivoque dans l'animal gêné, qu'elle ne le paroît dans l'étalon libre; cette expression, toutefois, n'en est pas moins visible à nos yeux, & malgré le régime différent. Au surplus, nous ne nous occupons ici que de l'expression physique des caractères de l'amour du cheval asservi à nos volontés.

Premier instant.

La force, l'ardeur, le desir des étalons ne suffisent pas toujours pour faire remarquer en eux les caractères de cet instant sujet à des variations infinies. Différentes circonstances dans leur sortie de l'écurie, les moindres objets qu'ils rencontrent sur leur chemin, la présence d'un homme qui leur est étranger, une pierre, un chien, sont fréquemment les causes qui leur donnent de l'inquiétude, les occupent & masquent en eux les apparences de l'ardeur de leur passion. Les jeunes chevaux peu habitués à la monte, ne remplissent point l'acte, ou très-difficilement ; ceux qui entrent en érection aussi-tôt qu'ils aperçoivent la femelle, qui marchent jusqu'à elle sur leurs pieds postérieurs, & la sautent au même instant, ne marquent souvent encore qu'une ardeur d'habitude dans laquelle il n'y a de symptômes bien sensibles en général que l'organe de la propagation disposé pour remplir l'acte, mais dont assez communément ils abusent.

Habitude du Corps.

Les yeux & l'odorat donnent au cheval la connoiſſance du lieu où ſa femelle eſt retirée; le moment où il l'aperçoit eſt ſouvent ſuivi d'une ruade d'un pied, quelquefois des deux. Il veut courir après elle en henniſſant, mais il eſt retenu; il fait une multitude d'efforts contre les longes avec leſquelles on le retient ; ſa marche eſt toûjours deſordonnée. A ſon approche de la cavale, il s'arrête ſur les hanches, les jambes antérieures en contre-butté, le pied étant poſé en avant de l'aplomb du poitrail ; ordinairement une d'elles reſte en l'air à moitié ſoutenue. Le membre n'eſt pas encore ſorti du fourreau. L'animal porte la tête haute : les muſcles ſont fermement contractés, ſur-tout ceux qui agiſſent, & ceux proprement dits de la tête. (a)

Caractères de la Tête.

La tête haute eſt à peu-près oblique,

(a) On appelle muſcles propres de la tête, ceux qui ſervent à la mouvoir : nous invitons toujours le jeune artiſte à lire ſur cette partie ce que nous en avons dit dans notre *Mémoire artificielle*, tome II, liv. I & IV.

& à la moitié de son chemin, entre sa position régulière & sa plus grande élévation. Les oreilles sont droites & tournées sans affectation du côté de la jument ; leur contraction est foible : les yeux sont bien ouverts & fixés, la paupière supérieure plus relevée du côté du chanfrein que dans l'état naturel, mais sans effort : les naseaux sont dilatés médiocrement, la bouche légèrement ouverte ; la lèvre postérieure plus contractée que l'antérieure, sans être relevée au point de laisser voir les dents.

On doit observer que toutes les fois que l'animal est le maître de ses mouvemens, il regarde & tourne sa tête toujours de face, relativement à l'objet qui l'affecte, à moins qu'il n'y ait de la malignité dans ses idées.

Deuxième instant.

Les chevaux qui flairent leurs femelles, sont regardés par quelques personnes, comme des animaux qui ont besoin d'être provoqués ; néanmoins ceux qui sont de sang & de race pure, vraiment vigoureux & habiles à la monte, ne se mettent en mouvement pour l'accomplir, que lorfqu'ils font affurés par l'odorat, de la chaleur de la femelle qu'on leur préfente ; ces animaux jouiffent paifiblement, ne fatiguent point leurs jarrets & rempliffent facilement leur fonction. Nous exceptons cependant de ce nombre l'étalon qui refte long-temps auprès de la jument, fans donner des marques de fon amour, & auquel on eft obligé de la faire paffer à différentes reprifes fous les yeux, & même d'aiguifer fon tempérament par l'exemple qu'on lui donne du faut d'un *boute-en-train* devant lui.

Nous croyons inutile de dire que les chevaux entiers, les gros rouffins, agités par une érection continuelle à l'afpect des jumens & même des chevaux, hors du temps déterminé par la Nature pour perpétuer leur efpèce, ne font pas des animaux vigoureux, brûlant d'une paffion légitime ; mais au contraire, que ce defir immodéré de la jument qui leur fait franchir les plus grands obftacles, n'eft en eux qu'un principe de *fatyriafis* plus ou moins développé fuivant les facultés de l'animal ou la caufe qui le produit. Du refte, pour ne plus nous occuper de diſcuſſions inutiles à notre objet, nous ajouterons qu'il n'y a que les ſymptômes généraux des paſſions de l'animal qui ſoient ſuſceptibles de fixer notre attention ; les caractères individuels ne peuvent convenir en aucune manière au but que nous nous ſommes propoſé, autrement que par la reconnoiſſance qu'ils nous procurent de ceux qui appartiennent à l'eſpèce.

Habitude du Corps.

Le cheval s'approche de la femelle en chaleur ; il la flaire autour du corps, & par préférence à la vulve ; il marque ſon impatience & ſon deſir par des coups de pieds ſur le ſol, & en labourant la terre ; il élève la tête & le cou preſque en ligne droite l'un avec l'autre, de manière que les naſeaux ſont plus élevés que les yeux, le membre eſt en érection.

Caractères de la Tête.

Les muſcles du cou & ceux de la tête ſont fermement contractés, pour la ſoutenir élevée. Les muſcles des oreilles ſont dans une contraction violente, & les tiennent

droites & immobiles , l'oüverture de la
conque tournée en dehors , & faisant angle
droit avec le front. Les yeux sont presque
couverts par l'abaissement de la paupière
supérieure ; la caroncule lacrymale plus saillante en dehors & plus enflammée que dans
l'état naturel ; la vue nullement fixée &
continuellement battue par la contraction
de la paupière supérieure. La contraction
des muscles de la mâchoire postérieure ,
d'où résulte un parfait équilibre , tient les
mâchoires exactement fermées. Les muscles
des naseaux sont continuellement en mouvement ; l'animal en dilate médiocrement
l'orifice dans l'inspiration , & le resserre
beaucoup plus après l'expiration , que dans
l'état naturel. Les muscles des lèvres sont
extrêmement contractés ; ils agissent également ensemble , à l'exception des releveurs
qui l'emportent par leur action sur celle
de tous les autres , & tirent à eux les lèvres
en les relevant de manière que l'on voit les
dents jusqu'aux crochets : la lèvre postérieure
étant cependant moins relevée que l'antérieure , le diamètre des vaisseaux sanguins
n'est pas sensiblement augmenté.

Troisième instant.

Habitude du Corps.

Le cheval en érection saute la jument, commence le coït & l'accomplit en embrassant avec ses deux jambes le corps de sa femelle : il porte son cou & sa tête le long du dos de la jument, de l'un ou de l'autre côté. Les muscles des extrémités postérieures, des lombes, de l'abdomen, du dos & des extrémités antérieures, sont extrêmement contractés pour soutenir la masse, & effectuer les secousses que l'animal réitère pendant l'acte.

Caractères de la tête.

A mesure que l'acte s'accomplit , les caractères du deuxième instant s'effacent. L'animal ne laisse rien apercevoir des sensations agréables qu'il peut ressentir que dans le moment où la Nature achève son ouvrage. Or, dans ce moment le cheval s'affaisse & laisse tomber sa tête sur l'épaule de sa femelle ; les oreilles tombent latéralement , les yeux se ferment avec foiblesse ;

les mâchoires s'entr'ouvrent , les naseaux ne font dilatés que pour laisser l'entrée libre à un air nouveau ; les lèvres font flasques , entr'ouvertes & pendantes.

Toute la machine tombe dans le relâchement , mais plus fensiblement les mufcles du cou , de la tête & des parties qui la compofent. La circulation du fang eft accélérée , le diamètre des vaiffeaux augmenté , & les artères font très-fenfibles à l'œil , comme les temporales , les maxillaires , &c.

Expreffion de l'Amour dans la Jument. Premier inftant : Habitude du Corps : Caractères de la Tête.

La paffion de l'amour eft un état plus indécis dans la jument que dans le cheval ; fes defirs ne font bien exprimés que dans le commencement des mouvemens fufcités par le befoin de la réunion. La néceffité de fouffrir le mâle , la porte à le defirer , à le chercher ; elle hennit doucement , faute , lâche des ruades , s'enfuit , revient , fi elle n'en eft pas empêchée , branle fa tête , agace le cheval , fi elle eft auprès de

lui ,

lui, en le mordant légèrement, reste long-temps comme immobile dans une place. Les caractères de sa tête & son port n'ont point de différences sensibles de ceux du cheval au premier instant, parce que les changemens ou les mouvemens intestins se font apercevoir, & sont tous à peu-près les mêmes sur la face de l'un & de l'autre sujet.

Une particularité constante, attachée aux jumens, est la contraction du clitoris, son gonflement & l'évacuation répétée d'une liqueur que nous nommons *lait utérin*.

Deuxième & troisième instans.

Habitude du Corps.

La jument, forcée par le besoin de se laisser approcher de l'étalon qui lui est destiné, reste en place ; elle tient ses jambes postérieures écartées l'une de l'autre, tandis que les antérieures sont en avant de leur à-plomb, pour soutenir le choc qu'elle va subir ; son cou est alongé, sa tête pendante. La jument reçoit le mâle,

& l'acte s'accomplit ; les muscles des extrémités des lombes, du dos, de l'abdomen,
font fensiblement contractés, & particulièrement ceux des extrémités poftérieures, les
muscles du cou, & ceux proprement dits
de la tête, font presque dans l'inaction.

Caractères de la Tête.

Les muscles des oreilles font peu fenfibles ; ils les tiennent plutôt obliques que
droites ; la conque légèrement tournée en
dehors ; quelques jumens les couchent avec
force fur le cou. Les yeux font peu ouverts
& incertains, la paupière fupérieure ref-
ferrée auprès du grand angle, qui lui-
même eft plus fermé que dans l'état naturel ; le muscle releveur & l'orbiculaire,
fon antagoniste, étant enfemble en contraction, le tarfe de la paupière fupérieure
appuie avec force fur le globe de l'œil,
qui fe diftingue fous la paupière. Les mufcles des nafeaux font dans un relâchement
tel qu'ils ne dilatent que foiblement l'ouverture du conduit nafal & qu'il refte
comme affaiffé. Les muscles des mâchoires
font dans l'inaction ; les muscles des lèvres

font également relâchés & flasques ; ils les laissent pendre, & principalement la postérieure : la bouche n'est ni ouverte ni fermée. Les vaisseaux sanguins ne font, pour ainsi dire, point apparens.

Expression de la Joie.

Il ne faut pas confondre la joie avec la gaieté : la première, & celle que nous traitons, est un des caractères du cheval par lequel il se montre à découvert & tel qu'il est dans son essence, & si nous pouvons nous exprimer ainsi, dans le principe intérieur de son existence publique. La joie a lieu souvent par une sorte de surabondance de plaisir ajouté à celui qui étoit déjà le motif de la gaieté, sans qu'elle en soit pour cela néanmoins toujours une augmentation conditionnelle & directe dans tous les sujets; d'autant moins qu'elle peut exister dans l'animal le plus sombre, comme dans le plus gai; & que l'un & l'autre ne ressentent cette affection que par l'apparition d'un objet agréable & flatteur. La joie ne tient qu'à la chose qui la suscite; elle est hors de l'animal : la réminiscence, le souvenir, ne donnent tout au plus au cheval que de la gaieté, & s'il est indifférent ou morne par tempérament, cette passion, si elle a lieu, n'est aucunement visible au dehors.

La gaieté est inhérente au caractère de plusieurs chevaux ; elle est une manière d'être de leur existence, une passion iné- -narrable entièrement opposée à ceux qui sont sournois, mornes, &c. &c.

Dans les chevaux naturellement gais, la joie est un développement successif d'actions, de gestes sans conséquence & non réfléchis ; tandis que celle que ressent l'animal four- nois, par la présence d'un objet quelconque, acquise tout-à-coup, & toute apparente qu'elle puisse être, conserve toujours en elle-même une sorte de réticence qui ôte au cheval toute la confiance qu'il devroit avoir dans la chose qui lui fait plaisir, & le met en garde contre tous les événe- mens. Quelquefois ce caractère est un soin que l'animal prend de lui-même après des mauvais traitemens, des surprises ou des plaisanteries qui lui ont été faites hors de propos.

Premier instant.

La joie, ainsi que les autres paffions, excepté celle de l'amour, se manifeftent de la même manière dans le cheval & dans la jument. Ce fentiment élève l'animal, lui donne de la grâce, de la nobleffe, de l'élégance ; les motifs qui l'occafionnent font fouvent difficiles à démêler ; l'inftant du fortir d'un lieu où il étoit retenu, pour entrer dans un autre en liberté, la rencontre des alimens qui lui font agréables, l'heure où l'on apporte l'avoine, la préfence d'un objet qui le flatte, & d'autres circonftances lui font reffentir ce plaifir.

Habitude du Corps.

Cette paffion, fource de la fanté, eft caractérifée dans le cheval par des courfes & l'exercice de toutes fes allures naturelles & en tout fens ; quelquefois elles font défunies. Il faute en avant, de côté, fait des pointes, lâche une ruade, hennit, s'arrête tout court, & pirouette dans la même place, porte bien fa tête, & fon encolure eft bien ronée ; les mufcles qui

compofent la machine, font bien prononcés
& coulans néanmoins.

Caractères de la Tête.

Les mufcles du cou & ceux de la tête,
proprement dits, font très-contractés &
fentis ; les mufcles des oreilles le font également pour les tenir obliques, leur pointe
en avant & rapprochées l'une de l'autre,
l'ouverture de la conque tournée, comme
la face, du côté de l'objet qui lui fait fenfation ; on diftingue fingulièrement la contraction des mufcles premier & deuxième
de l'oreille. Les yeux font bien ouverts,
fixes & regardant de face ; les mufcles des
paupières étant fort contractés, donnent
aux tarfes une forme plus ronde que dans
le repos ; le grand & le petit angle font
auffi plus ouverts. Le relâchement des trois
premiers mufcles de la mâchoire poftérieure,
l'égalité de l'action que les deux autres
leur oppofent, tiennent les mâchoires médiocrement ouvertes. Les mufcles des nafeaux fe contractent pour en dilater l'orifice ;
le tranfverfal le cédant un peu au pyramidal, eft caufe que la narine eft un peu

plus étroite inférieurement que supérieure-
ment, son ouverture se rétréciffant imper-
ceptiblement jufqu'à la lèvre. Les mufcles
des lèvres tiennent la bouche ouverte, &
laiffent apercevoir les dents; les releveurs
de la lèvre antérieure font également contractés, & la relèvent légèrement, tandis
que les femblables exécutent le même mouvement pour la lèvre poftérieure, mais avec
moins d'efficacité néanmoins. Le diamètre
des vaiffeaux fanguins eft un peu augmenté
aux angulaires & aux maxillaires.

Deuxième inftant.

Le milieu de cette paffion diffère un
peu de fa naiffance; fi l'animal demeure
en place, il ratiffe le fol avec la pince d'un
de fes pieds antérieurs : les nafeaux font
moins ouverts, le tranfverfal fe contracte
davantage, & l'effet de l'orifice eft d'une
figure contraire au précédent, la partie
inférieure étant fenfiblement plus large
que la fupérieure. Les autres caractères
font exactement les mêmes.

Troisième instant.

La tranquillité succède aux grands mouvemens ; le cheval conserve les mêmes caractères, mais ils ont moins d'énergie & d'apparence ; la contraction de ses muscles est moins sensible ; les naseaux sont plus dilatés que dans l'instant précédent.

Expression de la Tristesse.

Ce sentiment est directement l'opposé de celui que nous quittons ; il ôte à l'animal presque toutes ses facultés, & le rend bas & ignoble. La tristesse est souvent la suite d'une grande émotion, néanmoins toujours modifiée selon les causes & le caractère particulier de l'animal : on ne peut point comparer un cheval triste, parce qu'il est fournois, à celui qui est triste par maladie, ou à celui qui est triste parce qu'il a été maltraité ou a fait de grands efforts, mais qui est naturellement gai. Cet état diffère, 1.° de la tristesse causée par les mauvais traitemens, en ce que le cheval sort promptement de cette situation par les caresses & le repos : 2.° les symptômes de la tristesse occasionnée par les approches d'une maladie, sont attachés au genre du virus qui attaque le cheval, & ne disparoissent que par le retour de la santé. Il diffère encore de la tristesse d'un cheval fournois ou morne, en ce que ce dernier garde en lui un air réfléchi, attentionné, peureux en apparence, & toujours sans sujet.

Nous remarquons constamment dans les divers états maladifs de cet animal, plusieurs caractères appartenans à la tristesse suscitée par des châtimens trop rigides & déplacés, dont nous nous occupons seulement, & la seule expression dont nous voulions parler.

Premier instant.

Habitude du Corps.

Le cou est alongé & pendant; la tête est près de la terre, les extrémités postérieures sont rapprochées du centre de gravité ; la queue tombe lâchement entre les cuisses, & il existe enfin un relâchement général dans toute la machine.

Caractères de la Tête.

Les oreilles tombent de chaque côté de la tête, la conque en deſſous. Les yeux ſont peu ouverts, ou pour mieux s'exprimer, ſont preſque fermés ; le tarſe de la paupière ſupérieure eſt plus approché de l'inférieure auprès du grand angle, qu'auprès du petit angle. Les mâchoires ſont fermées ſans effort, les muſcles qui les font mouvoir étant en équilibre & dans l'inaction. Les naſeaux ſont peu dilatés, l'ouverture en eſt longue & pendante par le relâchement des muſcles qui compoſent ces parties. Les lèvres ſont flaſques, pendantes & entr'ouvertes, ſans néanmoins laiſſer voir les dents ; les muſcles releveurs poſtérieurs ſont plus relâchés que les releveurs de la lèvre antérieure. Généralement tous les muſcles des différentes parties de la tête ſont dans un relâchement qui approche beaucoup de la lâcheté, ou d'une inaction totale.

Deuxième inſtant.

Le milieu de cette paſſion en rend abſolument les caractères plus ſenſibles.

Troisième instant.

Habitude du Corps.

Le cheval est moins affecté, il met plus d'action dans son port ; sa tête & son cou sont plus élevés, ses jambes sont mieux placées, & la queue est moins basse : les muscles de toute la machine sont plus sentis.

Caractères de la Tête.

Les oreilles sont plus droites, la conque légèrement tournée en dehors ; les cinq premiers muscles sont contractés ou en action, les quatre premiers moins cependant que le cinquième. Les yeux sont plus ouverts, mais on y distingue encore les mêmes effets dans leurs paupières, résultans de la contraction du muscle orbiculaire. Les mâchoires sont fermées sans efforts, leurs muscles se faisant mutuellement équilibre. Les naseaux sont plus dilatés, mais toujours pendans ; la contraction des muscles qui les font agir étant foible & sans énergie. Les lèvres sont encore entr'ouvertes ;

mais moins pendantes ; les muſcles releveurs de l'une & de l'autre, agiſſant également en même temps, les tiennent toutes deux dans l'égalité : les muſcles de la tête, du cou, &c. ſont plus ſenſibles que dans les inſtans précédens.

Expreſſion de la Colère & de la Vengeance.

Ces deux paſſions ſont preſque toujours liées l'une avec l'autre, parce que dans le plus grand nombre des chevaux la colère n'eſt qu'une paſſion acquiſe. La vengeance, plus réfléchie & moins violente, domine la colère du cheval, & tempère en lui les mouvemens ſubits auxquels il auroit pu ſe porter dans ſa première affection, ſi quelques circonſtances ne l'en euſſent empêché, juſqu'à ce que l'objet qui l'affecta vivement ſe préſentant de nouveau à ſes yeux, renouvelle en lui les premières impreſſions : il s'occupe alors tout entier de l'exécution du deſſein qu'il forma, qu'il ne put, ou n'oſa pas effectuer dans le premier inſtant.

Les cauſes qui donnent lieu à ces paſſions dans cet animal plus généralement doux que

colère & vindicatif, font les mauvais traitemens des animaux avec lefquels il fe trouve;
ou ceux que fes gardiens ne lui font effuyer
que trop fouvent ; le defir d'obtenir fur
fes camarades quelqu'avantage , peut être
mis au nombre de ces caufes ; c'eft quelquefois auffi un vice de tempérament, une forte
de fureur , fuite d'une affection maniaque
ou frénétique , &c. &c.

L'action de fe cabrer fous le cavalier
& de faire des pointes , n'eft point abfolument ce qu'on peut appeler *colère* ni *ven-*
geance ; c'eft une défenfe fuggérée à l'animal
par l'idée de réfifter à un mouvement fati-
gant , qu'il trouve incommode ou exigé
de lui dans un moment où fes facultés ne
permettoient point qu'il l'exécutât. Souvent
ces actions ont lieu par l'indécifion de la
main & des aides du cavalier.

Premier inftant.

Habitude du Corps.

La colère fait que le cheval méprife
tous les dangers; il franchit les foffés , les
barrières , il court en ruant, faute en place,

& déploie toutes ſes forces vis-à-vis & quelquefois ſur les objets qui l'affectent ; ſon encolure eſt droite, & il porte le nez au vent ; tous les muſcles ſont violemment contractés, les crins ſont droits à leur naiſſance, au toupet & à la crinière, par la grande tenſion du peaucier ; la queue eſt fort roide & en trompe, par l'action ſimul-tanée des muſcles ſacrococcigiens ſupérieurs, latéraux & obliques.

Caractères de la Tête.

La partie ſupérieure du muſcle premier (des oreilles), le troiſième, le quatrième & le cinquième, ſont contractés pour tenir les oreilles couchées en arrière, la conque en deſſous, leur pointe rapprochée le plus près poſſible de l'encolure, & dans leur plus grande inclinaiſon en arrière. Les yeux ſont ouverts juſqu'à l'excès ; ils ſont enflammés & ſortent de l'orbite ; la contraction de leurs muſcles étant forte & ſe faiſant mu-tuellement équilibre, laiſſe voir autour de l'iris un cercle blanc, formé par la cornée opaque, qui n'eſt pas peu entamée par le bord du tarſe des paupières. L'orbiculaire

& le releveur réduisant presque à rien,
par leur action, le grand & le petit angle,
la caroncule lacrymale est saillante & enflammée. Les muscles de la mâchoire postérieure sont violemment contractés, & par
l'égalité de leurs efforts réciproques, ils
tiennent les mâchoires très-serrées. Les
muscles des naseaux sont contractés pour
en dilater fortement l'orifice, de manière
que le plus grand diamètre est transversal
& beaucoup plus élevé au-dessus de sa
situation ordinaire; leurs bords internes sont
rapprochés l'un de l'autre par la contraction
du muscle transverse; l'espace qu'il laisse
entr'eux est fort étroit à leur partie inférieure, ne laissant que l'intervalle nécessaire
pour le passage du tendon commun des
muscles releveurs de la lèvre antérieure;
la paroi interne des naseaux est très-rouge
& enflammée. L'action du muscle orbiculaire & des mitoyens antérieurs & postérieurs, le relâchement des releveurs des
lèvres, l'équilibre que les molaires &
maxillaires leur opposent, ferment la bouche & serrent les lèvres avec assez de force
pour que la forme des dents se fasse sentir

fous ces mêmes mufcles, & plus particulièrement fur l'orbiculaire des lèvres. Les
vaiffeaux fanguins font confidérablement
augmentés de diamètre, entr'autres les angulaires, les maxillaires, &c. &c.

Deuxième inflant.

Habitude du Corps.

L'animal fe cabre en battant l'air de
fes pieds antérieurs; il cherche à jeter par
terre tout homme ou tout animal qui ofe
l'approcher, de les fouler aux pieds, de
les mordre : fouvent il court fur ces divers
objets, quelquefois il refte en place &
percute violemment le fol en arrière de
lui, jetant au loin le fable ou les pierres
qu'il rencontre ; il regarde derrière lui :
fon encolure & fa tête font moins élevées
que dans l'inflant précédent, les autres
caractères font femblables.

Caractères de la Tête.

Les oreilles font continuellement agitées
de devant en arrière ; leurs pointes font
placées à l'inverfe l'une de l'autre ; l'ouverture de la conque de celle qui eft couchée

fur

fur le cou eft légèrement tournée en dehors , conféquemment moins en deffous que dans l'inftant précédent & moins rapprochée, par fa pointe, de l'encolure. Les mufcles de l'oreille agiffent fucceffivement les uns après les autres pour opérer ces mouvemens ; les yeux confervent les mêmes caractères , mais ils ne font plus fixes. Si l'animal regarde derrière lui , fa tête eft peu tournée ; une petite partie de l'iris eft cachée dans l'orbite derrière le petit angle , qui eft alors très-ouvert ; le grand angle étant en même temps un peu plus formé , on voit alors une grande partie de la cornée opaque : le contraire exifte en ce moment dans l'œil oppofé. Le cheval veut-il mordre , les mâchoires font defferrées par l'action des mufcles digaftriques & ftilo - maxillaires ; les trois autres étant dans le relâchement, les nafeaux font dans le même état que dans l'inftant précédent. Le relâchement des mitoyens antérieurs & poftérieurs & de l'orbiculaire, la contraction des releveurs des lèvres , des molaires & des maxillaires ouvrent la bouche & aident au cheval à faifir les objets de fa vengeance : le relâchement & l'action de tous les mufcles s'opèrent avec force & avec vîteffe , les vaiffeaux fanguins font encore augmentés.

Troifième inftant.

Habitude du Corps.

L'animal termine tous fes efforts par un état plus tranquille ; il rue ou mord fans changer abfolument de place , il regarde fouvent derrière lui; fa tête & fon enco-lure font toujours élevées , la queue , quoiqu'un peu moins haute , montre les mêmes caractères que ci-devant ; les mufcles de toute la machine font beaucoup moins contractés & plus coulans.

Caractères de la Tête.

Dans cet état de tranquillité apparente, les oreilles font également agitées que dans l'inftant précédent ; il les porte encore quelquefois toutes deux en arrière , mais avec moins d'action : il ferme les yeux, les mufcles de la mâchoire poftérieure font dans le repos , le deffein de l'animal n'étant point de mordre. *Vayez pour cette action le*

deuxième inſtant , caractères de la tête. Les
naſeaux ſont dans leur état ordinaire, les
muſcles des lèvres ſont en équilibre pour
tenir la bouche fermée, lorſque la volonté
du cheval n'eſt pas de mordre : le toupet
& la crinière n'ont rien de particulier.

L'animal mord plus rarement dans cet
inſtant que dans le précédent ; ſa colère
& ſa vengeance ſont maſquées par une
ſorte de repos ſuſceptible d'en impoſer &
de faire croire qu'il ne médite aucune action
qui ne puiſſe permettre de l'approcher, ſi
les caractères de ſa tête n'obligeoient de ſe
précautionner contre les mouvemens impré-
vus de ſa violence cachée. Nous obſerverons
que les chevaux frappent plus volontiers
qu'ils ne mordent, quoiqu'il y en ait
pluſieurs qui font exception à la règle &
auxquels l'on eſt obligé d'empêcher ce
mouvement par un moyen quelconque.

Expreſſion de la crainte, de la peur & de la frayeur.

La crainte, la peur & la frayeur ſont
des affections du même genre dont les degrés
ſont différens, & ces termes ne peuvent

pas être fynonymes , parce qu'il n'y a pas toujours identité entre elles , & qu'elles peuvent féparément affecter l'animal , comme elles peuvent le faifir tout-à-coup. Nous les réuniffons & les faifons fuccéder immédiatement , parce qu'elles fe fuivent en beaucoup d'occafions , & que d'ailleurs les modifications énonciatives des fenfations que l'animal éprouve en général dans l'une des paffions qui font notre fujet , font inférieures aux caractères diftinctifs que nous décrivons dans les trois inftans relatifs à chacune de ces mêmes paffions , & dans l'inftant où le cheval paffe promptement d'une fenfation à l'autre par l'exagération de la première. Le cheval peut être , comme nous venons de le dire , fubitement effrayé fans avoir fubi les deux autres fenfations , & reffentir l'une des deux premières fans être aucunement affecté de l'une des deux autres ; mais alors l'animal n'étant affecté que de la crainte , fans avoir à fubir fucceffivement les deux autres paffions , fuit en tremblant , autant qu'il eft en fon pouvoir , & jufqu'à ce que revenu à lui-même , & poffédant entièrement fes fens , il détache

des ruades & subit une paſſion diamétralement oppoſée, qui eſt la joie. Au contraire,
les objets font-ils ſur le cheval une impreſ-
ſion vigoureuſe au-delà de celle qu'il pour-
roit reſſentir pour avoir lieu de craindre ;
l'action de ſes muſcles eſt ſuſpendue, il eſt
foible, la poitrine eſt fortement dilatée &
l'air en ſort avec autant de force que de
bruit & de contraction des muſcles de la
reſpiration & des naſeaux : l'inſtant qui ſuit
immédiatement, eſt un état triſte & diffi-
cile. La circulation eſt très-accélérée ; l'animal fuit avec lenteur, & la ſueur eſt le
dernier des ſymptômes. Le cheval reſſent-il
ſubitement pluſieurs cauſes intenſes ſuſceptibles de l'effrayer, toutes ſes facultés ſont
anéanties ; les jambes lui manquent, les
articulations fléchiſſent & il tombe : il ſe
relève tumultueuſement, fuit à toutes
jambes s'il eſt en liberté, & affronte tous
les dangers. La terminaiſon de cette paſſion
eſt la défaillance, le tremblement, la ſueur
& la ſyncope.

Premier instant.

Habitude du Corps.

Quoique l'objet de la crainte ne soit souvent qu'un être de raison , lorsque cette paſſion eſt portée à un certain degré, ſes caractères deviennent ſenſibles , en même temps qu'ils ſont peu compliqués ; le cheval eſt inquiet & change fréquemment de place. Il porte la tête médiocrement haute & toujours tournée de l'un ou de l'autre côté. Les extrémités poſtérieures ſont un peu en avant de leur à-plomb. La queue eſt baſſe & tombante entre les cuiſſes par l'action des muſcles ſacroccigiens inférieurs. Si l'animal eſt libre, il s'éloigne & porte ſa tête du côté de l'objet de ſa crainte ; il la baiſſe ſouvent pour flairer le ſol , & s'arrête quelquefois tout court. Les mêmes caractères que ci-deſſus ſe font apercevoir dans le reſte de la machine : les muſcles ſont en général peu prononcés , à l'exception de ceux des parties inférieures des extrémités qui ſont fort contractés , l'animal paroiſſant vouloir s'attacher au ſol ; il ſue.

Caractères de la Tête.

Les oreilles varient perpétuellement,
la conque tournée de devant en dehors,
elles y font portées enfemble fans incli-
naifon en arrière, comme elles font également moins obliques en avant ; les fix
mufcles qui les font agir contribuent à
leurs mouvemens, mais plus particulièrement le premier & le cinquième. Les yeux
font indécis & un peu couverts ; le milieu
des tarfes des paupières étant plus abaiffé
que dans l'état naturel, & le grand comme
le petit angle plus fermés, l'action de l'orbiculaire & du releveur eft peu fenfible.
Les mufcles de la mâchoire poftérieure fe
font équilibre les uns aux autres, pour tenir
cette partie foiblement ouverte. Les nafeaux
ne fe dilatent pas davantage que dans le
repos, mais le paffage de l'air eft plus fubit,
& leurs orifices ne fe refferrent pas autant
après l'expiration. L'action des mufcles
maxillaires des releveurs & des molaires, le
relâchement de l'orbiculaire & des mitoyens
antérieurs & poftérieurs, tiennent la bouche
plus ouverte à fa commiffure qu'à fa partie

inférieure dont les lèvres se touchent pour ainsi dire , la lèvre postérieure étant un peu plus relevée que l'antérieure. La molleffe & le peu prononcé des mufcles font le caractère particulier de cet inftant & de cette paffion ; les vaiffeaux fanguins font peu fenfibles.

Deuxième inftant.

Habitude du Corps.

La peur fuccède à la crainte, l'animal plus affecté, ne marche que de côté & en tremblant ; fes pieds font plus écartés l'un de l'autre que dans l'état ordinaire ; il fe cabre & porte fes pieds antérieurs fous fon poitrail , il faute de côté & à reculons en s'éloignant & fixant toujours l'objet qui l'épouvante. Sa tête eft médiocrement haute , & fon encolure eft droite: la queue eft toujours baffe & ferrée entre les cuiffes. Tous les mufcles font généralement plus contractés que dans l'inftant précédent, & les extrémités font également prononcées.

Caractères de la Tête.

Les mêmes caractères que ceux de la

crainte se montrent sur la face du cheval dans cet instant. Les seules différences qui existent, procèdent de la fixité des yeux, de la plus grande ouverture des mâchoires, de celle des naseaux, sur-tout par l'effet du muscle transversal lors de l'inspiration de l'air extérieur, & de leur rétrécissement dans l'expiration, par la rétraction en quelque sorte spasmodique des muscles constricteurs qui composent chaque narine de l'ouverture de la bouche, &c. Ajoutons que les deux lèvres sont plus relevées & égales entr'elles, & que tous les muscles de la face sont plus exprimés. Les vaisseaux sanguins sont également peu sensibles.

Troisième instant.

Habitude du Corps.

La frayeur est un état violent pour l'animal. Il saute en avant & de côté, brise tout ce qui peut s'opposer à sa fuite, court avec violence en se précipitant souvent à travers les objets qu'il auroit craint dans un autre temps. Sa tête est plus élevée que dans les instans précédens, sans

(58)

néanmoins porter le *nez au vent*. Le ventre
des mufcles eft beaucoup plus rond , &
plus contracté que dans toute autre paffion ,
& la terminaifon des mufcles eft beaucoup
moins fenfible ; à l'exception des tendons des
mufcles des pieds antérieurs & poftérieurs ,
qui font extraordinairement prononcés. La
queue eft toujours baffe & pendante, mais
avec moins de force que dans les deux
inftans précédens.

Caractères de la Tête.

Les oreilles font très-droites , la conque
tournée en avant ou en arrière. Les yeux
font hagards ; la contraction de l'orbiculaire
& du releveur donne aux tarfes & à la
paupière fupérieure une forme plus ronde
auprès du grand angle , & plus abaiffée
auprès du petit que dans l'état ordinaire ;
le premier de ces angles eft plus ouvert,
& le fecond plus aigu. Les mâchoires font
toujours entr'ouvertes. Les nafeaux font
alternativement beaucoup plus dilatés &
plus refferrés , l'action du pyramidal élevant
le bord fupérieur & latéral externe de
l'orifice ; les lèvres font toujours ouvertes,

quoiqu'un peu plus reſſerrées à leur partie
inférieure qu'à leur commiſſure. Les différens états des muſcles de la face ſont plus
prononcés, & leur forme eſt plus ronde
que dans toute autre ſituation ; les vaiſſeaux
ſanguins ſont très - viſibles, ſur - tout les
artères temporales, maxillaires, &c. &c.

Je ſuis très-parfaitement,

Monſieur,

Votre très-humble &
très-obéiſſant ſerviteur,
VINCENT, Profeſſeur royal,
& Penſionnaire du Roi.

A PARIS, DE L'IMPRIMERIE ROYALE. 1787.

[illegible]
[illegible]
[illegible]
[illegible]
[illegible]
[illegible]
[illegible]

[illegible]

[illegible]
[illegible]
[illegible]
[illegible]

FAUTES À CORRIGER.

Page 2, *ligne* 4, métapyhfique, *lifez* : mé-
taphyfique.

6, *ligne* 3, du fens, *lifez*: des fens.

8, *Note (b)*, *ligne* 8, Griffon, *lifez*:
Goiffon.

23, *ligne* 4, le fpémomaxillaire, *lifez*:
le fphénomaxillaire.

24, *ligne dernière*, à vos, *lifez* à nos.

35, *ligne* 13, publique, *lifez* : phyfique.

37, *ligne dernière*, bien ronée, *lifez*:
bien rouée.

46, *ligne* 24, n'eft pas, *lifez*: n'eft
qu'un

49, *ligne* 13, plus formé, *lifez*: plus
fermé.

54, *ligne* 14, facroccigiens, *lifez*: fa-
crococcigiens.

Indication des Planches.

N.° 1. Une tête de cheval difféquée.

2. L'amour, deuxième inftant.

3. La joie.

4. La trifteffe, deuxième inftant.

5. La colère, premier inftant.

6. La frayeur, troifième inftant.

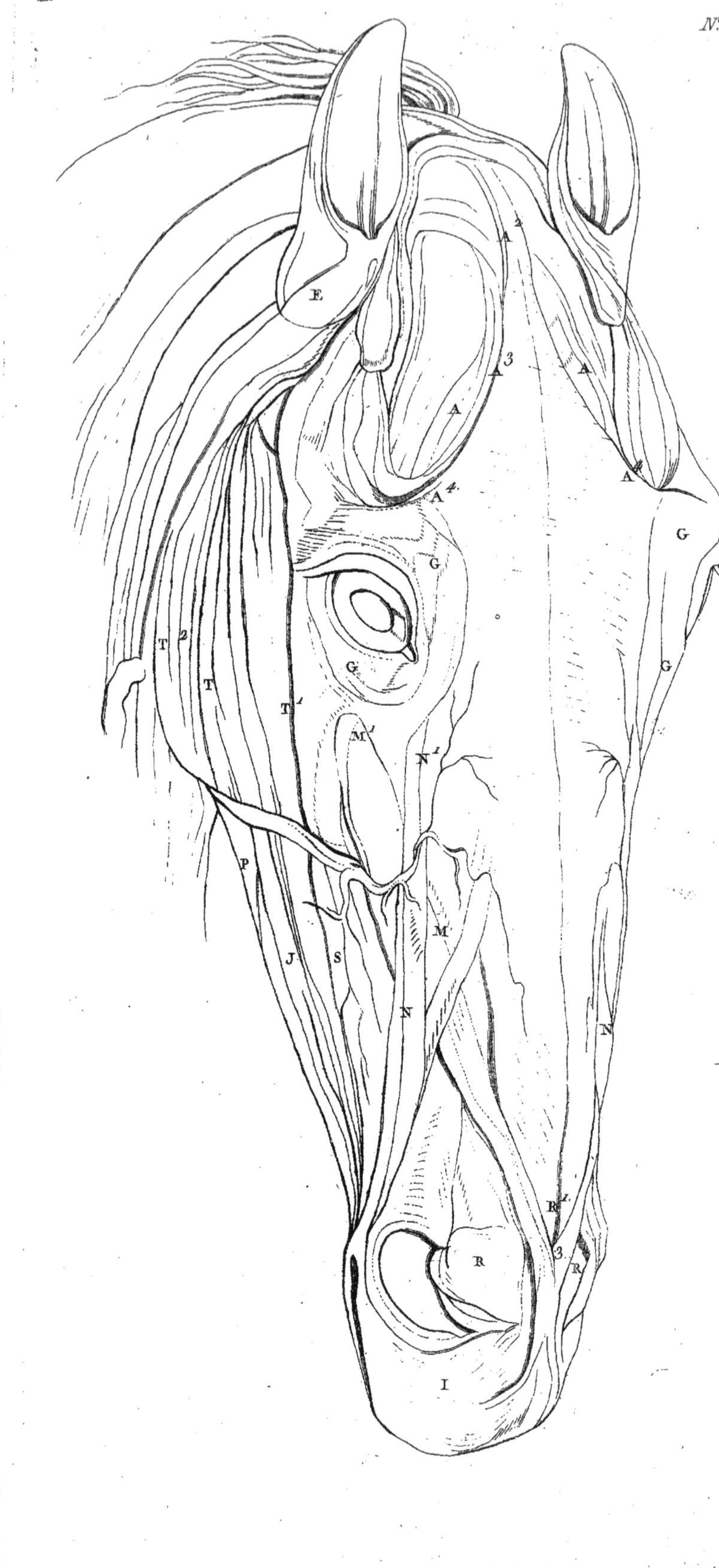

E
A 2
A 3
A
A
A 4
A 4.
G
G
G
G
G
T 2
T
T 1
M 1
N 1
P
J
S
M
N
N
R 1.
R
R
3
I

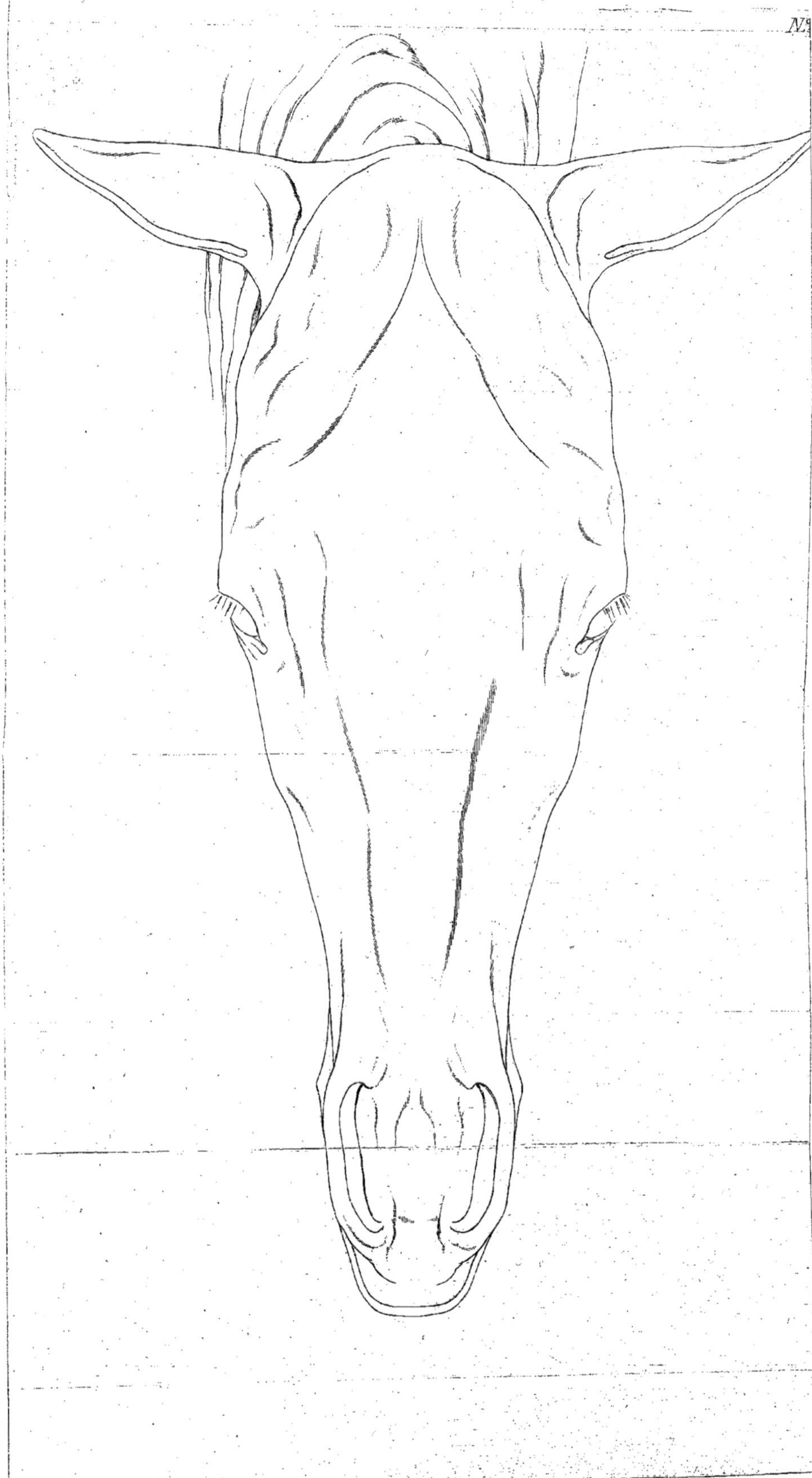

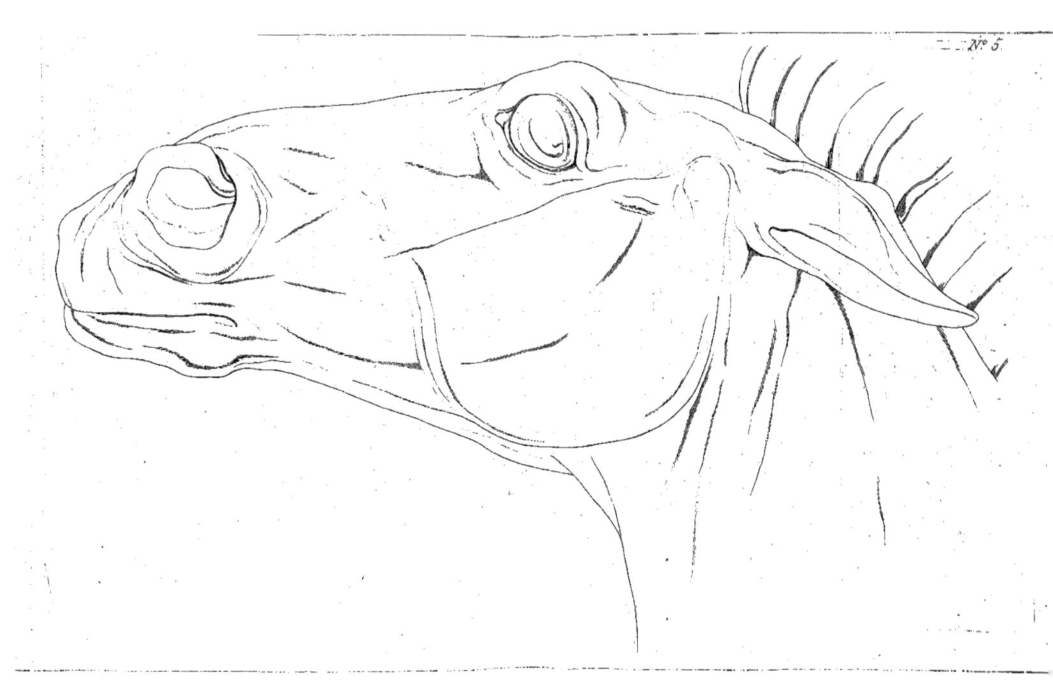
Nº 5.